懒人版日式甜品

[日]冈村淑子　著
郑乐英　译

青岛出版社
QINGDAO PUBLISHING HOUSE

序 言

很多人想制作甜品，但看到繁多的材料和冗长的步骤，便望而却步了。尤其在懒人的世界里，甜品是不敢尝试的“大麻烦”。如果做甜品不用鸡蛋、黄油和面粉，只需用很少的材料，你能想到是什么样子吗？可能会听到下面这些声音：除了又硬又粗糙，还有别的印象吗？像年糕一样黏糯厚重，不那么容易入口？只能做出红薯味和南瓜味那样的点心？应该还是用黄油和面粉做出来的甜品才好吃吧？

自己亲手尝试一下怎么样呢。要用不常见的材料吗？做起来很难吗？会不会做出来不好吃……你是不是也这么想呢？

如果你也是这么想的，那就更应该尝试制作一下本书中介绍的甜品！实际上，不用鸡蛋、黄油和面粉，也可以做出好吃的甜品——烤出来的很松脆，蒸出来的很松软。这样的甜品制作简单，无论是甜品店里“高大上”的咖啡甜品，还是深受大家喜欢的日式甜品，一会儿就搞定了。

那么，你认为是怎么做出来的呢？答案就是只需“混合”，就这么简单！无论是在碗里、锅里、瓶里，还是纸袋里和杯子里，只需要搅拌混合、揉搓混合、摇晃混合……就可以完成点心的基础素坯了。

制作甜品不使用面粉就不需要过筛，只要注意记住顺序使劲搅拌就可以做好；不使用黄油就不需要费工夫去软化和打发黄油；不使用鸡蛋就不需要分离蛋黄和蛋白，不需要用手动打蛋器隔水打发蛋白，也不用怕消泡

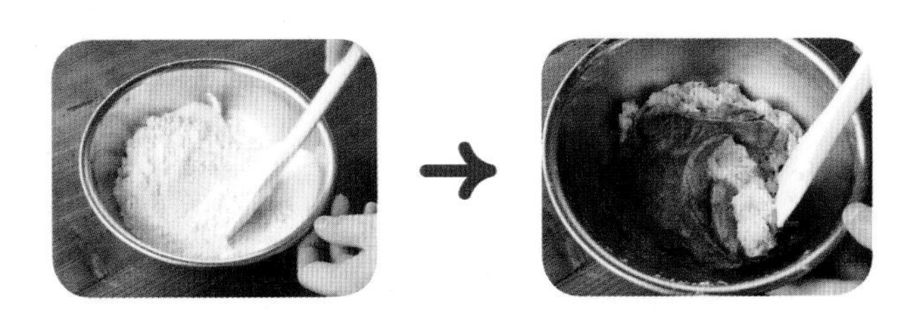

而只能轻轻地搅拌。这些麻烦将统统都不存在，并且对鸡蛋和面粉过敏的人也能放心食用。

所以，不使用鸡蛋、黄油和面粉的懒人版甜品，真的只是混合搅拌这么简单哦！

本书汇集了各种各样的只需要混合就能做的懒人版甜品，有烤的、蒸的，有冰点心，也有怀旧的小块糕点和江米糖等最朴素的点心，还有用做好的糖浆调配的饮料等。这些甜品还适合易过敏的人食用。如果你尝试做做看的话，一定会有意外惊喜和发现哦。

在编写这本书的时候，“小型点心教室”的学生们给了我很多宝贵的意见和建议，群马制粉株式会社的铃木先生也给了我很多关于素材可能性的提示，还有很多帮忙试吃的朋友们，以及一直以来用心支持我的亲朋好友，借此机会我对大家表示由衷的感谢。

小型点心教室 冈村淑子

只需混合，
就这么简单！
不会过敏的点心

目录
CONTENTS

CHAPTER 1
混合后烘烤！

CHAPTER 2
混合后裹起来&凝固成型！

CHAPTER 3
混合后饮用！

CHAPTER 4
混合后冷却！

CHAPTER 5
混合后蒸熟！

CHAPTER 6
熬煮混合！

菜单中使用的易过敏食物　● = 橙子　● = 猕猴桃　● = 核桃　● = 大豆　● = 香蕉　● = 山药　● = 明胶　● = 猪肉

关于食物过敏

近几年，对某种特定食物过敏的人逐渐增多，特别是婴幼儿出现食物过敏的现象越来越多。易引起过敏反应的食物（过敏原食物）有很多种，其中鸡蛋、奶制品、面粉这三类导致的过敏反应最多。

目前在市场上销售的众多产品中，易过敏的食物会以各种各样的形式存在。根据相关食品卫生法，商家有义务标出食品中使用的特定原材料，这样虽然可以知道是否有使用特定材料，但是根据生产环境的不同，不排除非人为因素导致的微量过敏原食物存在。所以，还是要使用仔细挑选的材料，加上自己亲手制作，才是最安全的。亲手制作的话，材料的用量、制作环境及制作方法自己都会很清楚。

本书中介绍的点心均未使用特别容易引起过敏反应的 7 种食物（鸡蛋、乳制品、面粉等），并且您在家里就可以简单制作。另外，关于食材的选择，如何避免使用可能含有过敏原的食物，会在下一页（p.7）中进行介绍。

除此之外，还有 18 种容易引起过敏反应的食物（大豆、核桃、猕猴桃等）。如果制作过程中使用了这类食物，本书会在页面上明确标示，制作时请注意参考。

每个人的体质不同，所以出现的过敏反应也会因人而异。也有少数人会对芝麻、杏仁、可可（可可粉的原料）、杧果、大米等产生过敏。敏感体质的人，建议在医师的监督下，参考本书中的做法，根据自己的情况适当调整用料。

特别容易引起过敏反应的7种食物

◦ 鸡蛋 ◦ 乳制品（牛奶和乳酪等） ◦ 面粉 ◦ 荞麦
◦ 花生 ◦ 虾 ◦ 螃蟹

其他容易引起过敏反应的18种食物

◦ 牛肉 ◦ 猪肉 ◦ 鸡肉 ◦ 鲑鱼 ◦ 鲐鱼 ◦ 墨鱼
◦ 咸鲑鱼子 ◦ 鲍鱼 ◦ 松茸 ◦ 橙子 ◦ 香蕉 ◦ 苹果
◦ 桃子 ◦ 猕猴桃 ◦ 大豆 ◦ 核桃 ◦ 山药 ◦ 明胶

本书中表示过敏的方法

特别容易引起过敏反应的 7 种食物在本书中均未使用。除此之外，在容易引起过敏反应的 18 种食物中，有些做法如果使用了如下食物，在各页面都会有标明。另外，含有这些食物的材料标有下划线。

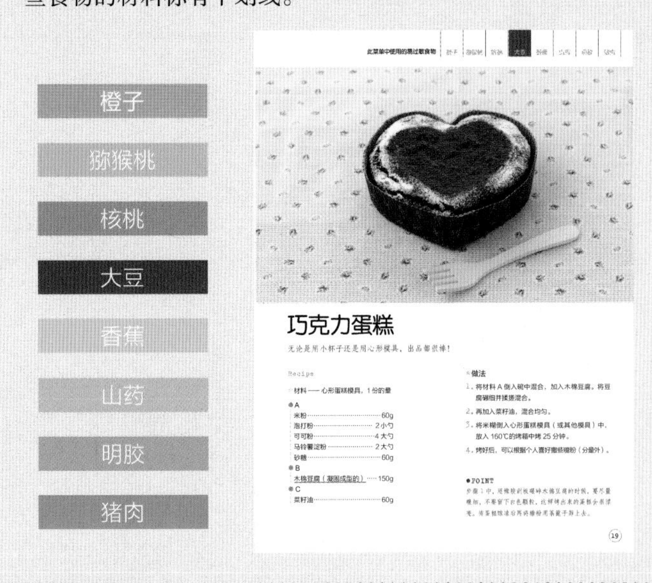

避免过敏的推荐材料

本书中使用的材料，即便是有过敏反应的人也可以放心使用。

米粉

米粉是用粳米制成的，作为面粉的替代品非常受关注。用好的米粉做出的点心极其细腻光滑，不太有米粉特有的那种粗涩感。不同米粉的颗粒大小不同，吸水性也会参差不齐，所以要适当调整水的用量。可以通过观察点心的硬度来调节水的用量。

大酱

对面粉过敏的人要避免使用麦曲做成的小麦大酱。推荐选用仅用食盐和蚕豆制作而成的豆酱，即使对面粉和大豆过敏的人也可以放心使用。

酱油

一般的酱油都是由大豆和小麦制成的。本书中选用的是用食盐和蚕豆制成的酱油，显示过敏的25种食物均未使用。可以像普通的酱油一样使用，味道香醇。

泡打粉

为了防止泡打粉在保存过程中变质，一般会加入面粉和淀粉，常用的有玉米淀粉。对面粉过敏的人请务必注意。

砂糖

（白糖　红糖　蔗糖）

砂糖的主要区别在于原料和其提炼程度。原料大致分为两类，甘蔗和甜菜。提炼纯度越高，糖的颜色越白，味道越纯正，无杂味。相反，提炼纯度低的砂糖颜色发暗，味道偏重。因原料中富含矿物质，所以砂糖对身体负担较小。本书中使用的材料若标注为砂糖时，请自行选择您喜欢的砂糖即可。若特别标注为蔗糖、红糖时，按照标注选择砂糖，口味会更好。

菜籽油

菜籽油清淡无杂味，非常适合做点心用。即使不用黄油，只用优质的菜籽油也能做出细腻松软和口感松脆的点心。这种油不容易引发过敏反应，对大豆过敏的人也可以放心使用。最好使用非转基因材料、非加热压榨、提炼时不使用化学药品的油。

制作点心的基本工具

测量工具

厨房秤

电子厨房秤。电子秤是制作点心过程中非常重要的一种工具，建议使用可以精确称量到 1g 的。近来，市面上的秤种类很多，有的会在容易脏的秤托盘上配上硅胶套，方便拆下来清洗。

量杯

量杯有塑料的、金属的和玻璃的等多种材质。通过放在平台上读取水位来计量。在计量的时候要仔细看清楚单位。另外，请注意本书中使用的量杯 1 杯是 200mL。

量勺

图中的量勺是大勺和小勺一体的，1 大勺 =15mL，1 小勺 =5mL。测量的时候勺子要端平，目测几乎接近达到勺子边的高度即可。测量粉末状物体时，要用别的勺子柄将其刮平再测量。

混合工具

碗

推荐用直径 20cm 左右的不锈钢碗，使用起来非常方便。如果没有，用餐碗、塑料碗或者玻璃碗也可以。在混合少量材料时，使用直径 10cm 左右的小碗，会更方便。

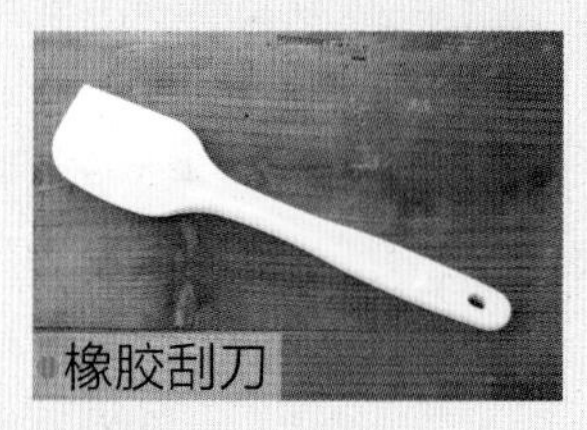
橡胶刮刀

混合操作必备的工具。耐热的橡胶刮刀既可以用力混合搅拌，又可以搅拌加热中的材料，绝对是一件利器。若没有耐热的刮刀，也可以用木勺子代替。

过滤工具

茶篦子

用于去除液体中的溶解残留物。把茶篦子放在小碗上面，将液体倒入篦子中，静待过滤。若没有篦子，可以用做饭用的笊篱替代。

其他工具

平盘

把年糕材料及比较热的材料放在平盘上面，整理形状等非常方便。有时候会同时使用两个平盘，一个用于擀平，一个用于晾凉。平盘还可以放置准备好的食材。

油纸

把油纸铺在烘焙模具中，可以防止饼干等烘烤类点心粘到烤箱的壁上，方便取出。油纸透气，可以在蒸东西的时候铺在下面。也可以用两张油纸夹住点心，调整它的形状。油纸可反复使用，非常方便。

流槽

用于制作果冻等冰点的模具。推荐使用没有隔板的款式，可以用来做各种各样的点心。其特点是可以将外箱和能取下来的中板收到一起使用，这样取出点心时不会碎掉。

基础混合和花式混合

基础混合

基础混合是将粉末和粉末、液体和液体等，用橡胶刮板一圈圈不停地搅拌。完全不用顾虑“为了不搅碎食物要竖着搅拌”及“防止消泡”等问题，直接不停地搅拌就可以，直至所有的材料都混合均匀。本书中分为材料 A 和材料 B，首先混合材料 A，然后加入材料 B 再混合，这就是基础混合。

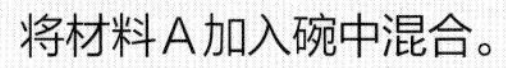

将材料A加入碗中混合。

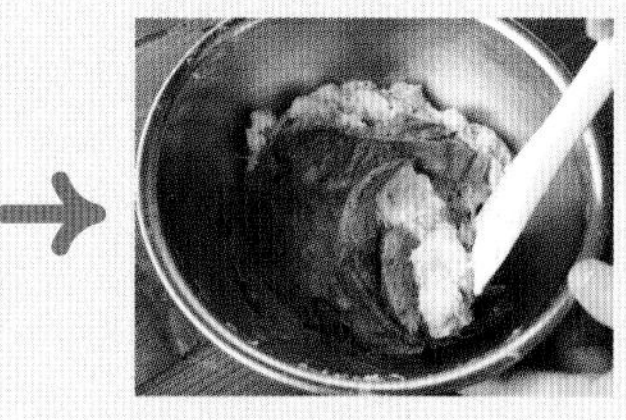

加入材料B混合。

花式混合

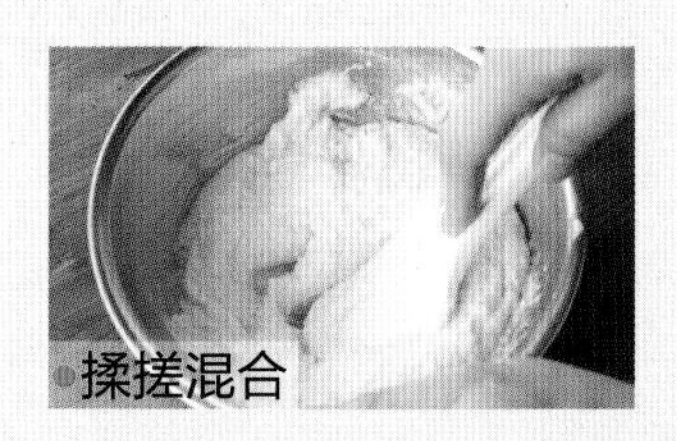

揉搓混合

揉搓混合看上去像不停地刮橡胶刮板上的面。比如，一边把香蕉和豆腐等碾碎，一边使其和粉末融合；在粉末中加水融合。用力搅拌有黏性的材料也要用到揉搓混合。混合时要仔细耐心，直到整体混合到细滑，没有面疙瘩为止。

溶解混合

在粉末中加水使其溶解稀释，即溶解混合。用于在颗粒状的粉末（葛根粉和糯米粉等）中，一点点加水使其混合成糊状，再加入剩余的水使其溶解稀释，充分混合。这种方法也用于在液体中加入粉末等材料时使用。总之，关键就是使固体溶解成全部相同的状态。

上下翻动混合

把容器底下的东西和上面的东西不停地上下翻动，即上下翻动混合。比如将保存糖浆的瓶子上下颠倒混合等，都会用到这种方法，保证整体受热均匀。

搅拌

用搅拌机混合。在制作冰点时会频繁使用。可以做出口感柔滑的点心，也可以打发出松软轻盈的奶油冻。搅拌机可以用食物料理机代替，一键操作就可以做出很棒的点心坯，非常简单。

摇晃混合

在炸好的点心上撒干粉和调料来入味和调色时，使用纸袋摇晃混合会非常方便。也可以用厚一点的塑料袋代替。不过刚炸好的点心比较热，最好还是用纸袋。若手边没有纸袋，可以用纸折一个袋子，也可以在大碗中混合。

用勺子混合

用糖浆调制饮料时常用的混合方法。勺子柄长一些的会更好用，也可以用搅拌棒代替勺子。推荐把勺子放在杯子里，一边混合一边喝，这也是一种乐趣哦。

点心好吃的制作技巧

POINT 1

充分混合

本书中的食谱没有使用鸡蛋、黄油和面粉，所以不需要打发蛋白、软化黄油、筛面粉这些操作。而且，也不用在意材料的混合顺序，只要把全部材料混合均匀就搞定了！和用面粉做的点心不同，完全不用担心因为搅拌过度而影响口感，放心地好好搅拌混合就可以了。

POINT 2

精准计量

准备材料时做到精准计量，是关乎点心是否好吃的一个重要因素。特别是用米粉做点心时，材料中的用水量对成品有很大的影响。称量的时候用电子秤准确计量，用量勺的时候要刮平再量，用量杯的时候要放在平坦的地方使用等，这些都要特别注意。看似简单的一步，往往对结果会有很大的影响。

POINT 3

明胶

本书中使用的明胶粉是需要在80℃以上的热水中摇晃混合溶解的。除此之外，还有各种形式的明胶，如明胶片等。如果使用方法错误的话，可能会导致成型效果差、有溶解残留、出现明胶特有的气味等，所以必须先确认好明胶，再按照其使用方法进行操作。

POINT 4

模具

用米粉做的点心在烘烤和蒸好之后容易粘在模具上。用玻璃纸等做出来的虽然好看，但很难撕下来。这时，可以试试剪一块油纸铺到模具里，或用一次性的铝箔杯、纸质的烤模、硅胶杯等工具。这些工具会让脱模变得简单。

在模具里铺油纸的方法

（例）在17cm × 8cm、高6cm的磅蛋糕模具中铺油纸

1. 剪一块长30cm、宽20cm的油纸。用油纸包裹住倒扣的磅蛋糕模具的底面，按一下折角部分，轻轻折出折痕线。

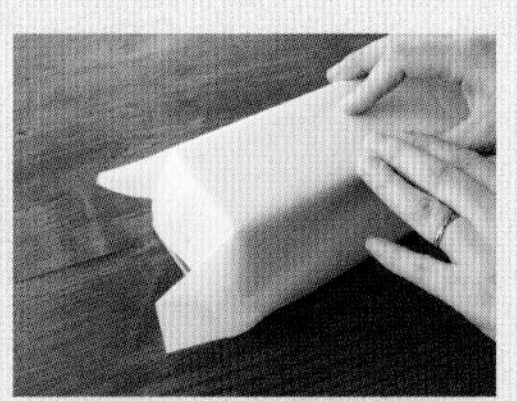

2. 将四边往里折叠起来压紧。（比步骤1中的折痕线稍微往里一点折起来，这种大小刚好）

3. 放到模具中，将侧面重叠的部分斜着折成三角形，随便倒向任何一个侧面即可。

CHAPTER 1

混合后烘烤!

材料充分混合好之后,只需烘烤即可! 无须使用鸡蛋、黄油和面粉,就可以轻松做出细腻松软的蛋糕和香甜松脆的曲奇。

Petit cadeau

华夫饼

这款华夫饼有南瓜淡淡的香甜，非常松软。
可当作早餐食用。

Recipe（食谱）

＊材料 —— 6个的量

● A

- 米粉……90g
- 南瓜粉……10g
- 杏仁粉……30g
- 泡打粉……1 小勺
- 砂糖……80g

● B

- 木棉豆腐（凝固成型的）……100g
- 豆奶……70g
- 菜籽油……1 小勺

＊做法

1. 将材料 A 倒入碗中，混合均匀。（a）
2. 碗中加入材料 B，将豆腐碾细，一边碾一边揉搓混合。（b）
3. 将步骤 2 的材料倒入小火加热好的华夫饼锅中，盖上盖。烤的同时要不时地翻面，烤至华夫饼变成金黄色。（c）

a

b

c

● POINT（要点）

为了做出漂亮的圆形华夫饼，在步骤 3 倒入米糊的时候，要均匀地淋成圆形。推荐使用舀冰激凌的勺子。日本市场上常见的豆腐有“绢豆腐”和“木棉豆腐”，区别在于做豆腐时用来包豆腐的布料。用木棉布料做出来的豆腐较挺实，类似于我国的北豆腐。

硬脆饼干

加入酥脆的炒米，
像硬巧克力一样的饼干。

Recipe

*材料 —— 6个的量

● A
- 米粉……25g
- 可可粉……10g
- 杏仁粉……40g
- 泡打粉……3/4小勺
- 砂糖……30g

● B
- 菜籽油……2大匙
- 水……1大匙

● C
- 炒米……15g
- 杏仁（烘烤、切碎）……10g

*做法

1. 将材料A倒入碗中，混合均匀。
2. 碗中再加入材料B，揉搓混合。（a）
3. 最后加入材料C，混合均匀。
4. 将步骤3的材料揉和均匀，放在油纸上，做成1cm左右厚、10cm×15cm的长方形面饼。（b）
5. 将面饼放入160℃的烤箱，烤20分钟。烤好后取出晾凉，用刀切成6条。（c）

a

b

c

●POINT

炒米（Riz Souffle）是膨化之后的糯米，口感轻盈酥脆，是一种可以用在各种点心中的材料。步骤4中，要用手心仔细碾平，防止面团碎掉。

燕麦曲奇

枫糖浆口味的酥脆曲奇。
轻盈的口感，让你欲罢不能！

Recipe

＊材料 —— 10块的量

● A

米粉……30g
砂糖……20g
泡打粉……½小勺

● B

菜籽油……1大勺
水……1大勺
枫糖浆……1大勺

● C

燕麦片……20g

＊做法

1. 将材料A倒入碗中，混合均匀。
2. 碗中再加入材料B，揉搓混合。
3. 最后加入材料C，混合均匀。
4. 用勺子把步骤3的材料舀起来，放在铺有油纸的烤盘上。用勺子背将其压成5mm左右厚的米饼，放入160℃的烤箱中烤20分钟。（a）（b）

a

b

●POINT

烤曲奇时，最好在曲奇中间开始变成茶色的时候关火。

杏仁瓦片

枫糖浆的甘甜成就香脆的饼干。

Recipe

*材料—— 10块的量

● A

米粉………………………………25g

泡打粉……………………………$\frac{1}{3}$小勺

● B

菜籽油……………………………$\frac{2}{3}$大勺

枫糖浆……………………………$\frac{3}{2}$大勺

水…………………………………2小勺

● C

杏仁片……………………………30g

*做法

1. 将材料A倒入碗中混合，再加入材料B，揉搓混合。
2. 加入20g杏仁片，混合均匀。用勺子将米糊舀起来，放在铺有油纸的烤盘上，用勺子背将其压成薄饼。
3. 将剩余的杏仁片撒在薄饼表面，放入170℃的烤箱中烤18分钟。（烘烤火候请参考p.17的POINT）

巧克力蛋糕

无论是用小杯子还是用心形模具，出品都很棒！

Recipe

＊材料—— 心形蛋糕模具，1 份的量

● A

米粉……60g
泡打粉……2 小勺
可可粉……4 大勺
马铃薯淀粉……2 大勺
砂糖……60g

● B

木棉豆腐（凝固成型的）……150g

● C

菜籽油……60g

＊做法

1. 将材料 A 倒入碗中混合，加入木棉豆腐。将豆腐碾细并揉搓混合。
2. 再加入菜籽油，混合均匀。
3. 将米糊倒入心形蛋糕模具（或其他模具）中，放入 160℃的烤箱中烤 25 分钟。
4. 烤好后，可以根据个人喜好撒些糖粉（分量外）。

● POINT

步骤 1 中，用橡胶刮板碾碎木棉豆腐的时候，要尽量碾细，不要留下白色颗粒，这样烤出来的蛋糕会很漂亮。待蛋糕晾凉后再将糖粉用茶篦子筛上去。

云石蛋糕（大理石磅蛋糕）

淡淡的香蕉甜味，
口感柔软绵润。

Recipe

⁎材料—— 17cm × 8cm 的磅蛋糕模具，1 份的量

● A
米粉……………………………… 130g
泡打粉………………………… 1 小勺
杏仁碎………………………………80g
蔗糖…………………………………90g

● B
香蕉果肉 ……………………… 250g
菜籽油………………………………50g

● C
可可粉…………………………2 小勺

⁎做法

1. 将材料 A 倒入碗中，混合。
2. 碗中再加入材料 B。将香蕉碾碎，揉搓混合。（a）
3. 将步骤 2 的材料一分为二，将其中一半材料放入碗中，加入可可粉，揉搓混合。
4. 再加入另一半材料，顺时针搅拌，做出大理石花纹。（b）
5. 将拌好的材料倒入磅蛋糕模具中，放入 160℃的烤箱中烤 1 个小时即成。

a

b

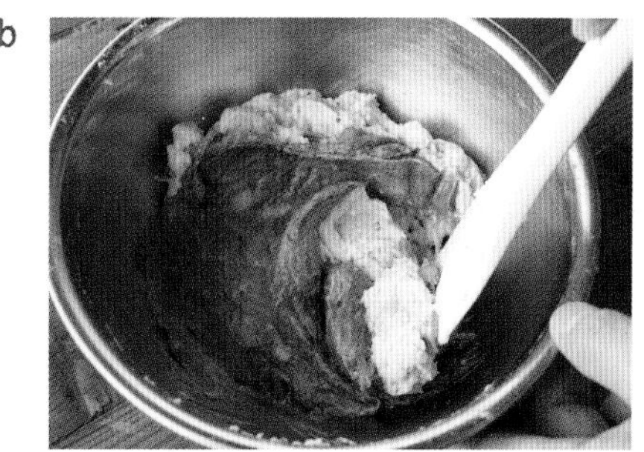

● POINT
磅蛋糕模具中要铺满油纸（请参考 p.10）。如果用纸质模具的话，做起来会更简单。

水果磅蛋糕

肉桂的香味和满满的水果干，让人食指大动。
这是一款有点小华丽的磅蛋糕。

Recipe

☆材料——17cm×8cm 的磅蛋糕模具，1 份的量

● A
- 米粉……50g
- 杏仁碎……75g
- 砂糖……100g
- 泡打粉……1 大勺
- 肉桂粉……½小勺

● B
- 木棉豆腐（凝固成型的）……150g
- 菜籽油……2 大勺

● C
- 橙子果脯……30g
- 柠檬果脯……15g
- 葡萄干（用热水泡发好的）……50g
- 杏仁片……30g

●装饰用
- 杏仁片……适量

☆做法

1. 将材料 A 倒入碗中，混合。
2. 碗中再加入材料 B。将木棉豆腐碾细，揉搓混合。
3. 最后加入材料 C，混合均匀。
4. 将混合好的米糊倒入铺满油纸的磅蛋糕模具中，撒上杏仁片，放入 160℃的烤箱中烤 1 个小时即成。

●POINT

水果干要用热水泡发至变软后再用。如果是大人吃的点心，水果干可以用洋酒来腌渍。磅蛋糕烤好后放置一天，口感会更绵密。

白芝麻纸杯蛋糕

像花生酱一样口味浓郁的纸杯蛋糕。

Recipe

* 材料—— 大马芬蛋糕纸杯，5 个的量

● A

米粉…………………………… 70g
泡打粉…………………………⅔ 小勺
杏仁碎…………………………… 60g

● B

白色熟芝麻 …………………… 60g
蔗糖…………………………… 90g
豆奶…………………………… 90g

* 做法

1. 将材料 A 倒入碗中，混合均匀，再加入材料 B，揉搓混合。
2. 将材料倒入马芬蛋糕杯内，放入 160℃的烤箱中烤 30 分钟即成。

● POINT

用牙签插入蛋糕的中间部分，如果拔出来的时候没有沾到米糊，就说明烤好了。

姜味马芬蛋糕

蛋糕松软的秘密就是加入了木棉豆腐，成品却几乎没有任何豆腥味！

Recipe

＊材料—— 小马芬蛋糕纸杯，4~5 个的量

● A

米粉………………………………50g
泡打粉…………………………⅔小勺
杏仁碎……………………………30g
红糖（粉末）……………………40g

● B

木棉豆腐（凝固成型的）……100g
生姜（擦成泥）…………………10g

● C

菜籽油…………………………2 大勺

＊做法

1. 将材料 A 倒入碗中混合，加入材料 B，将木棉豆腐碾细，揉搓混合。
2. 碗中再加入菜籽油，混合均匀。将米糊倒入马芬蛋糕纸杯中，放入 160℃的烤箱中烤 25 分钟即成。

● POINT

步骤 2 中，红糖颗粒会有些溶解残留，不用在意，直接烤即可。如果用大马芬蛋糕纸杯，那就要烤约 30 分钟。

鲷鱼烧

经典的鲷鱼烧，加入玉米面后口感外脆内软。

Recipe

*材料——4个的量

● A

米粉……60g
玉米面……20g
杏仁碎……40g
砂糖……20g
泡打粉……2/3小勺

● B

豆奶……100g

● C

红豆馅……80g

*做法

1. 将材料A倒入碗中，混合均匀，加入豆奶，揉搓混合成米糊。
2. 鲷鱼烧模具先预热好。将米糊倒入模具内至五分满，放上红豆馅，上面再淋上米糊盖住红豆馅，合上模具。
3. 加热，每个模具都要翻面，直到两面均变成金黄色即可。

● POINT

要注意，倒入米糊前模具要充分预热，否则不易脱模。

CHAPTER 2

混合后裹起来
&凝固成型!

将材料包裹起来或混合好调味即可！可以做出很多经典味道的点心，如糖衣豆子、雷门米花糖、炸年糕和小块米糕等。

糖衣豆子和坚果

脆爽的美味，让你爱到不停口。

Recipe

* 材料 —— 各2~3人份

[糖衣豆子]

● A
- 细砂糖……50g
- 水……2大勺

● B〈纯的〉
- 炒大豆……30g

● C〈可可大豆〉
- 炒黑豆……30g
- 可可粉……1小勺

● D〈抹茶大豆〉
- 炒大豆……30g
- 抹茶粉……½小勺

[红糖核桃仁]

● A
- 红糖（粉末）……50g
- 水……2大勺

● B
- 核桃（烘烤）……50g

[槭腰果]

● A
- 槭糖浆……50g

● B
- 腰果（烘烤）……50g

* 做法

1. 将材料 A 倒入锅中，中火加热并不停搅拌，直到砂糖颗粒全部化开成糖浆，熬到合适的稠度，关火。
2. 一次性加入材料 B，继续搅拌，使锅里的豆子（或坚果）都被糖浆包裹住。1 分钟左右后糖浆就会开始凝固。（a）
3. 将豆子一粒一粒分散开。待砂糖完全凝固后将糖衣豆子从锅里取出，晾凉即可。

a

● POINT

熬糖浆时，用筷子蘸一下，然后把两根筷子慢慢分开，如果筷子之间能拉出 1cm 左右的糖丝，表明浓度刚刚好。

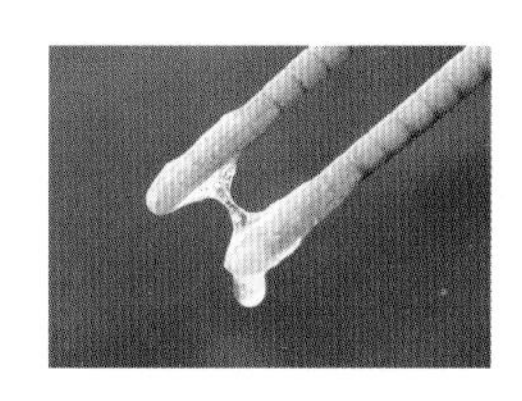

雷门米花糖&红糖米花糖&抹茶米花糖

最经典的点心，意想不到的简单。

Recipe

*材料—— 各5~8块的量

[雷门米花糖]

● A
蔗糖……20g
糖稀……1大勺

● B
炒米（参考 p.15）……30g
杏仁（烘烤、切碎）……20g

[红糖米花糖]

● A
红糖（粉末）……20g
糖稀……1大勺

● B
炒米……40g
炒白芝麻……2大勺

[抹茶米花糖]

● A
细砂糖……20g
糖稀……1/3大勺

● B
炒米……30g
核桃（烘烤、切碎）……20g
抹茶粉……1小勺

●POINT

用刀切的时候，要一下子切开，这样会切得很漂亮。如果要做成圆形的，可以将米花糖分成5等份，放在油纸上，等晾凉到不烫手时用手揉成球形，再压平即可（注意不要被烫伤）。推荐用软管状包装的糖稀。

*做法

1. 将材料A倒入锅中，小火加热并不停搅拌，直到砂糖颗粒化开成糖浆，沸腾之后关火。（a）
2. 锅中再加入材料B，快速搅拌，用糖浆将米花全部包裹住。
3. 将米花糖从锅里取出，放在铺有油纸的平盘上，压平展开。
4. 盖上一层油纸，用一个平滑的重物（相同大小的平盘会比较方便）迅速压一下，压成1cm左右厚的糖饼。（b）
5. 冷却至凝固，用刀切成喜欢的形状即可。

a

b

芝麻糖

一口一个，大小刚刚好，营养丰富。

Recipe

*材料—— 24个的量

● A
红糖（粉末）………… 20g
糖稀………… 20g

● B
炒白芝麻………… 50g

● POINT
步骤 2，压平之前尽量做成一个规矩的长方形，这样切的时候会很省事。

*做法

1. 将材料 A 倒入锅中，小火加热并不停地搅拌，直到砂糖颗粒化开成糖浆，继续煮至沸腾，关火。
2. 锅中再加入材料 B，快速搅拌，用糖浆将芝麻全部包裹住。将芝麻糖取出后放在铺有油纸的平盘上，压平展开。
3. 盖上一层油纸，用一个平滑的重物（相同大小的平盘会比较方便）迅速压一下，压成 1.5cm 左右厚的糖饼。
4. 将芝麻糖冷却至凝固，用刀切成骰子块状即可。

炸年糕

用干燥好的日本年糕做成多彩又可爱的炸年糕。

Recipe

＊材料 —— 2~3人份

● A
年糕块（干燥好的日本年糕）100g

● B〈咸味〉
盐 ………………………………… 1小勺

● B〈砂糖酱油味〉
砂糖 ……………………………… 1小勺
酱油（参考 p.7）………… 1小勺

●其他
炸食物用的油 ………………… 适量

＊做法

1. 锅入油加热至 170℃，放入年糕块，炸至年糕受热膨胀且漂起来，再炸 30 秒左右，捞出，用厨房纸去油。
2. 如果做咸味的，就将炸年糕和盐放入纸袋中，摇晃混合。如果做砂糖酱油味的，就将砂糖和酱油倒入小碗中，搅拌均匀，然后加入炸年糕块，快速搅拌使其着色入味。

●POINT
要在年糕刚炸好的时候趁热调味，冷却之后会比较难入味，而且发黏。日本年糕是放在炉火上烤制而成的，与中国的年糕做法不同。

炸米粒脆

用家里的剩米饭就可以做，超级简单。

Recipe

材料 —— 2~3人份

干饭（参考下面说明）·1 碗饭的量
盐 ······························ ½~1 小勺
海苔、炸食物用油 ·············· 各适量

干饭的做法

将白米饭摊开放在平盘上，晒 3 天左右。

※ 如果急用，可以把米饭摊放在烤盘上，放入 150℃的烤箱中，烤 15 分钟左右即可。

做法

1. 锅入油加热至 170℃，加入干饭，炸至米粒膨胀且漂起来，再炸 30 秒左右，捞出，用厨房纸去油。
2. 将米粒放入纸袋中，加入盐和海苔，摇晃混合均匀。

●POINT

炸之前，要把米粒摊成薄薄一层进行干燥。炸的时候要把黏在一起的米粒分开，这样炸出来的成品才美观。

小块米糕

剩饭大变身！可爱的小零食！

Recipe

材料 —— 2~3人份

干饭（参考 p.34）……………半碗的量
食用色素糖粉、炸食物用油……各适量
（粉末，红、黄、绿各适量）

做法

1. 锅入油加热至 170℃，加入干饭，炸至米粒膨胀且漂起来，再炸 30 秒左右，捞出，用厨房纸去油。
2. 先将食用色素（仅用于着色）、糖粉放入纸袋中摇晃混合，使颜色混合均匀，再放入刚炸好的米粒，再次混合均匀即可。

●POINT
准备干饭时，米饭要用水冲洗泡开，一粒一粒地分散开后再干燥，这样做出来的成品才好看。还可以加入糖衣豆子（参考 p.28）一起吃。

爆米花

三种口味的爆米花，在家就可以做。

Recipe

* 材料 —— 2~3人份

[咸味爆米花]

● A

玉米（爆米花用）……………50g
菜籽油……………………… 3/2 大勺
盐 ………………………… 1 小勺

[咖喱味爆米花]

● A

玉米（爆米花用）……………50g
菜籽油……………………… 3/2 大勺
盐 ………………………… 1/2 小勺

● B

咖喱粉……………………… 1/2 小勺

[焦糖奶味爆米花]

● A

玉米（爆米花用）……………50g
菜籽油……………………… 3/2 大勺

● B

砂糖…………………………50g
糖稀………………………… 1 大勺

● C

豆奶………………………… 1/2 大勺

● POINT

有的咖喱粉中会含有小麦成分，对小麦过敏的人要特别注意。可以用姜黄粉和小茴香粉来代替咖喱粉。

* 做法

[咸味爆米花]

1. 将材料 A 倒入深平底锅中，混合均匀，盖上盖，大火加热。
2. 待爆米花开始膨胀后转小火继续加热，同时摇动平底锅，直至不再有爆破的声音为止。取下锅盖，从火上拿下来即可。

[咖喱味爆米花]

1. 将材料 A 倒入深平底锅中，混合均匀，盖上盖，大火加热。
2. 待爆米花开始膨胀后转小火继续加热，同时摇动平底锅，直至不再有爆破的声音为止。取下锅盖，从火上拿下来即可。
3. 最后将爆米花放入纸袋中，加入咖喱粉后封口，仔细摇晃均匀。

[焦糖奶味爆米花]

1. 将材料 A 倒入深平底锅中，混合均匀，盖上盖，用大火加热。
2. 待爆米花开始膨胀后转小火继续加热，同时摇动平底锅，直至不再有爆破的声音为止。取下锅盖，从火上拿下来即可。
3. 将材料 B 倒入锅中，中火加热，直到砂糖颗粒化开且呈浅焦糖色，加入材料 C，搅拌均匀。
4. 关火后加入步骤 2 的爆米花，快速搅拌，使其着色入味。

黄豆粉糖

加入了营养丰富的黄豆粉，是一款非常健康的怀旧点心。

Recipe

*材料—— 20个的量

糖稀……………………………60g
大豆粉…………………………50g

*做法

1. 将糖稀倒入锅中，小火加热并不停搅拌，待煮至沸腾后将锅从火上取下。
2. 将大豆粉倒入碗中，再加入步骤1的糖稀，搅拌混合。待晾凉到不烫手的温度时，用手揉搓均匀。
3. 再把糖抻成条状，最后撒上黄豆粉（分量外），切成块状即可。

●POINT
将糖用擀面杖擀平，切成1.5cm宽的长条后再拧一下，即成黄豆粉绞花糖。

CHAPTER 3

混合后饮用!

只需将亲手制作的糖浆加到豆奶或碳酸水中混合即可！糖浆耐储存，可以多做一些存着,随用随取。

青梅糖浆

把青梅放入瓶中腌渍，非常简单。
青梅上市的时候一定要试试看哦。

Recipe

⋆ 材料——3杯的量

青梅……………………………… 500g
细砂糖…………………………… 500g

⋆ 做法

1. 青梅清洗干净，去掉蒂头，装入塑料袋中，放进冰箱冷冻一晚。
2. 将冷冻好的青梅和细砂糖一起放入储存瓶中，封盖。
3. 常温放置 3 天左右，糖浆就开始慢慢形成了。需要偶尔倒过来摇晃一下瓶身。
4. 待砂糖全部溶解，糖浆就做好了，可直接放入冰箱保存。

●POINT
一般在常温下放置 10 天左右糖浆就可以形成。将青梅冷冻一晚可以使青梅汁更容易渗出，从而缩短制作时间。

Arrange Recipe

青梅果汁

⋆ 做法

半杯水，加入 ½ 大勺青梅糖浆，用勺子搅拌均匀即可。

青梅汽水

⋆ 做法

半杯碳酸水（无糖），加入 1 大勺青梅糖浆，用勺子搅拌均匀即可。

柠檬糖浆

糖浆和腌渍的柠檬片都耐储存，
随吃随用，非常方便。

Recipe

*材料 —— 2杯的量

● A

柠檬……………………………… 3个

● B

细砂糖…………………………… 200g
柠檬汁…………………………… ½杯

*做法

1. 削去柠檬薄薄的一层外皮，横切成2mm左右厚的柠檬片。
2. 将柠檬片放入储存瓶中，加入细砂糖和柠檬汁，封盖，常温放置一周。需要偶尔倒过来摇晃一下瓶身。
3. 待砂糖颗粒全部溶解，糖浆就做好了，可直接放入冰箱保存。

●POINT

一般在常温下放置10天左右糖浆就可以形成。做好后要放入冰箱保存。把柠檬切片放入红茶中饮用就是柠檬红茶，和冰水混合就是柠檬水了。

Arrange Recipe

柠檬果汁

*做法

半杯碳酸水（无糖），加入1大勺柠檬糖浆，用勺子搅拌均匀即可。

热柠檬水

*做法

半杯热水，加入2大勺柠檬糖浆，用勺子搅拌均匀即可。

生姜糖浆

预防苦夏的常备良品。
苦苦的地道生姜汽水，做法简单。

Recipe

*材料—— 2杯的量

● A

生姜（切碎）…………………… 100g
桂皮棒（a）………………………… 1根
丁香（a）………………… 3～4粒
蔗糖…………………………… 100g
水…………………………………… 1杯

● B

柠檬汁…………………………2大勺

*做法

1. 将材料A倒入锅中，小火煮20分钟。
2. 将锅从火上取下，加入柠檬汁，用茶篦子过滤出糖浆。
3. 将糖浆倒入储存瓶中，放入冰箱保存。

a

●POINT

生姜带皮切碎，放入储存瓶中，在冰箱里可以保存10天左右。砂糖可以根据自己的喜好选择，推荐用蔗糖和红糖。

Arrange Recipe

姜汁汽水

*做法

半杯碳酸水（无糖），加入2大勺生姜糖浆，用勺子搅拌均匀即可。

生姜茶

*做法

一杯红茶，加入1大勺生姜糖浆、1小勺红糖（粉末），用勺子搅拌均匀即可。

草莓糖浆

亲手制作的草莓糖浆，色泽艳丽，
有着浓浓的草莓香甜。

Recipe

⁎材料 —— 2杯的量

● A

细砂糖……………………………300g

水………………………………… $\frac{3}{2}$ 杯

● B

草莓（冷冻也可）……………300g

⁎做法

1. 将材料A倒入锅中，中火加热至沸腾。
2. 调成小火，放入洗净且去蒂头的草莓，煮7~8分钟。草莓颜色发白后将其取出，继续用小火加热5分钟左右，煮到变成酱状，即成糖浆。
3. 将糖浆从火上取下，倒入储存瓶中，放入冰箱保存。

● POINT

选择当季酸味较重的草莓也可以。推荐选用小粒的草莓。

Arrange Recipe

草莓汽水

⁎做法

半杯碳酸水（无糖），加入 $\frac{3}{2}$ 大勺草莓糖浆，用勺子搅拌均匀即可。

草莓豆奶

⁎做法

半杯豆奶，加入2大勺草莓糖浆，用勺子搅拌均匀即可。

蓝莓糖浆

蓝莓不仅可以做果酱，还是做糖浆的一大法宝。
可以试着在当季的时候做一些存放着。

Recipe

⁎材料 —— 2杯的量

● A

细砂糖……………………………100g
水…………………………………¾杯

● B

蓝莓………………………………100g
柠檬汁……………………………2大勺

⁎做法

1. 将材料A倒入锅中，中火加热至沸腾。
2. 调成小火，加入材料B，煮7~8分钟，煮到蓝莓化成酱时就可以了。
3. 将材料从火上取下，用茶篦子（或笊篱）过滤掉蓝莓皮。
4. 将做好的糖浆倒入储存瓶中，放入冰箱保存。

●POINT

蓝莓豆奶做好后会变黏稠，有点像奶昔。做好后请马上饮用，否则易很快变质。

Arrange Recipe

蓝莓汽水

⁎做法

半杯碳酸水（无糖），加入2大勺蓝莓糖浆，用勺子搅拌均匀即可。

蓝莓豆奶

⁎做法

半杯豆奶，加入2大勺蓝莓糖浆，用勺子搅拌均匀即可。

猕猴桃糖浆

猕猴桃竟然也可以做糖浆，
而且吃过一次就会迷上它。

Recipe

*材料—— 1杯的量

● A

细砂糖…………………………150g

水……………………………½杯

● B

猕猴桃…………………………4个

*做法

1. 将材料A倒入锅中，中火加热至沸腾。
2. 调至小火，加入去皮切块的猕猴桃，煮10分钟左右，直至猕猴桃化成酱。（可以一边压碎猕猴桃一边煮）
3. 将材料从火上取下，用茶篦子（或笊篱）过滤，去掉猕猴桃籽和果肉块。
4. 将做好的糖浆倒入储存瓶中，放入冰箱保存。

●POINT

猕猴桃豆奶和蓝莓豆奶（参考p.49）一样，做好后豆奶会变黏稠，口感浓厚。

Arrange Recipe

猕猴桃汽水

*做法

半杯碳酸水（无糖），加入½大勺猕猴桃糖浆，用勺子搅拌均匀即可。

猕猴桃豆奶

*做法

半杯豆奶，加入1/4杯猕猴桃糖浆，用勺子搅拌均匀即可。

水果刨冰

用亲手制作的糖浆调配出各种口味的水果刨冰。

Recipe

＊材料 —— 1人份

刨冰……………………………… 适量
水果糖浆
（草莓糖浆、柠檬糖浆、
猕猴桃糖浆、蓝莓糖浆）……适量

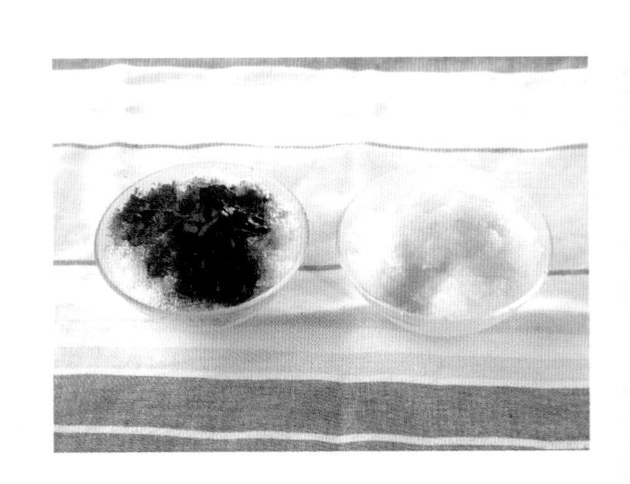

＊做法

只需将自己喜欢的水果糖浆淋在刨好的碎冰上就可以了。

CHAPTER 4

混合后冷却!

搅拌混合,再冷却凝固即可!从慕斯到布丁、果冻甚至地道的羊羹,这些看起来很难的点心,都可以轻松搞定。

水果果冻

用做好的水果糖浆简单调配出来的点心！

Recipe

*材料—— 各4杯的量

[草莓果冻]

● A

热水…………………………1杯

明胶粉………………………1大勺

● B

草莓糖浆（参考 p.47）……… ½ 杯

柠檬汁……………………… ½ 大勺

● 其他

草莓…………………………适量

[蓝莓果冻]

● A

热水…………………………1杯

明胶粉………………………1大勺

● B

蓝莓糖浆（参考 p.49）……… ⅔ 杯

柠檬汁……………………… 3/2 大勺

● 其他

蓝莓…………………………适量

[柠檬果冻]

● A

热水…………………………1杯

明胶粉………………………1大勺

● B

柠檬糖浆（参考 p.43）……… ⅓ 杯

● 其他

糖浆腌渍的柠檬片（参考 p.43）适量

[猕猴桃果冻]

● A

热水…………………………1杯

明胶粉………………………1大勺

● B

猕猴桃糖浆（参考 p.51）…… ⅔ 杯

● 其他

猕猴桃果肉……………………适量

*做法

1. 将材料 A 倒入碗中，搅拌均匀。

2. 碗中再加入材料 B，混合均匀。

3. 将步骤 2 的材料倒入杯子中，放上生水果果肉，放入冰箱中冷却至凝固即成。

● POINT

猕猴桃会降低明胶的凝固力，所以要等果冻凝固好了之后再放。

青梅果子露冰激凌

清新可口的酸爽果子露冰激凌，可预防苦夏，超级推荐！

Recipe

*材料 —— 2人份

青梅糖浆（参考 p.41）………½杯
水………………………………………½杯

*做法

1. 将全部材料倒入碗中，混合均匀。
2. 将混合物倒入平盘中，放入冰箱冷冻。
3. 取出，用勺子挖成球状，盛到小碗中即可。

焦糖慕斯

口感微苦，适合大人吃的甜品。

Recipe

*材料 —— 3~4杯的量

细砂糖……60g
热水……¼杯

A
木棉豆腐（凝固成型的）……150g
菜籽油……½大勺

B
明胶粉……2小勺
热水……¼杯

*做法

1. 将细砂糖倒入锅中，中火加热，轻轻晃动锅使砂糖颗粒完全化开。待颜色变成淡淡的焦糖色，加入热水，再将锅从火上取下。
2. 将做好的焦糖和材料A一起放入搅拌机，搅打至细腻。
3. 将材料B倒入小碗中混合均匀，再加到步骤2的材料中，再次搅拌。
4. 将混合好的材料倒入杯子中，放入冰箱中冷却至凝固。

●POINT
步骤1加入热水的时候，需要注意不要烫伤。

草莓慕斯

几乎吃不出豆腐的味道，精致漂亮且热量低。

Recipe

*材料—— 2人份

● A

木棉豆腐（凝固成型的）…… 100g
草莓（小粒的）…………………… 60g
椰奶……………………………… ¾杯
砂糖……………………………… 40g
菜籽油…………………………… 1大勺

● B

明胶粉…………………………… 2小勺
热水……………………………… ¼杯

*做法

1. 将材料A放入搅拌机中，搅打至细腻。
2. 将材料B倒入小碗中，混合均匀，再加入步骤1的材料中，再次搅拌。
3. 将混合物倒入杯子中，放入冰箱中冷却至凝固。用草莓和香草（都是分量外）加以装饰即可。

●POINT

用小粒草莓做出来的慕斯颜色更漂亮。推荐使用冷冻的草莓，不受季节限制，全年都可以买到。

杧果慕斯

像咖啡点心一样精致漂亮，装点上杧果果粒效果更佳。

Recipe

＊材料 —— 5杯的量

● A

木棉豆腐（凝固成型的）……90g
豆奶……¼杯
杧果（果肉、果泥均可）……150g
菜籽油……1大勺
砂糖……30g

● B

明胶粉……2小勺
热水……¼杯

＊做法

1. 将材料A放入搅拌机中，搅打至细腻。
2. 将材料B倒入小碗中混合均匀，再加入步骤1的材料中，再次搅拌。
3. 将混合物倒入杯子中，放入冰箱中冷却至凝固。用杧果和香草（都是分量外的）加以装饰即可。

● POINT

步骤2溶解明胶时，把明胶粉均匀地撒到热水中，会更容易化开。

抹茶布丁

这是一款名副其实的懒人甜品，
只需混合就可以轻松搞定！

Recipe

* 材料 —— 5杯的量

● A

木棉豆腐（凝固成型的）…… 150g
砂糖 …… 30g
菜籽油 …… 2大勺
豆奶 …… 2大勺
盐 …… 少量
抹茶粉 …… ⅔小勺

● B

明胶粉 …… 2小勺
热水 …… ¼杯

[红糖浆]

红糖（粉末）…… 50g
水 …… 2大勺

b

c

* 做法

1. 将材料A放入搅拌机中，搅打至细腻。（a）
2. 将材料B倒入小碗中混合均匀，再加入步骤1的材料中，再次搅拌。
3. 将混合物倒入杯子中，放入冰箱中冷却至凝固，加入红糖浆即可。

* 红糖浆的做法

1. 将红糖和水一起倒入锅中加热，煮到砂糖颗粒完全化开为止。（b）
2. 用茶篦子过滤，冷却之后就完成了。（c）

豆奶软乳酪蛋糕

用豆奶制作的软乳酪蛋糕，
搭配不同的糖浆，各种口味信手拈来。

Recipe

*材料 —— 5杯的量

● A

- 豆奶乳酪（参考右边做法）……120g
- 砂糖……50g
- 菜籽油……5/2 大勺
- 豆奶……1/2 杯

● B

- 明胶粉……1 小勺
- 热水……2 大勺

● 其他

- 蓝莓糖浆（参考 p.49）……适量
- 猕猴桃糖浆（参考 p.51）……适量
- 草莓糖浆（参考 p.47）……适量

*做法

1. 将材料 A 放入搅拌机中，搅打至细腻。
2. 将材料 B 倒入小碗中混合均匀，再加入步骤 1 的材料中，再次搅拌。
3. 将混合物倒入杯子中，再放入冰箱中冷却至凝固。
4. 搭配自己喜欢的糖浆就完成了。

*豆奶乳酪的做法

1. 将 500g 豆奶、2 大勺柠檬汁和 1/2 小勺盐一起加入锅中，中火加热，不停搅拌至沸腾。
2. 待乳酪和水分离后从火上取下，将混合物倒入铺有屉布（或厨房纸）的笊篱中，拧一下屉布，把水分去掉即可。（注意不要被烫伤）

●POINT

豆奶乳酪会有点粗涩，需要用搅拌机好好搅打，这样才能做出柔软细腻的乳酪。

提拉米苏

制作简单，口味地道。

Recipe

⁎材料—— 烤碗，4 份的量

● A

巧克力蛋糕
（用马芬蛋糕模具，参考 p.19）1个

● B

速溶咖啡（粉末）…………………… 1小勺
砂糖………………………………… 1大勺
热水…………………………………¼杯

● C

豆奶软乳酪坯（参考 p.63）…全部的量

⁎做法

1. 将巧克力蛋糕切成 1cm 厚的圆片，铺在烤碗底部，再将混合好的材料 B 均匀地淋在蛋糕上，使其渗透进蛋糕中。
2. 用豆奶软乳酪坯填满每个烤碗，刮平表面，放入冰箱中冷却至凝固。
3. 将蛋糕取出，用茶篦子筛上可可粉（分量外）即可。

● POINT

如果给孩子吃的话就不要用速溶咖啡了，只淋上糖浆就好了。

栗子羊羹

使用栗子糊做成的栗子羊羹，一款适合在夏季食用的甜品。

Recipe

＊材料——12cm×8cm 的流槽，1 份的量

● A
琼脂粉……¾小勺
水……¾杯

● B
栗子糊……80g
白豆馅……60g

● C
盐……少量

＊做法

1. 将材料 A 倒入锅中，中火加热并不停搅拌，沸腾后加入材料 B 混合均匀，继续中火煮 2 分钟，并不停搅拌，加入盐。
2. 将材料从火上取下，轻轻搅拌，待晾凉至 60℃左右时倒入流槽中，再放入冰箱中冷却至凝固。

●POINT
材料太热时倒入流槽中会出现分层，所以要稍微晾凉之后再倒入。市场上销售的栗子糊的含糖量不一样，需要根据味道灵活调整用量。

精炼羊羹

做法简单的地道羊羹。
可以做出红豆、茶粉、梅子和其他各种口味。

Recipe

☆材料—— 12cm×8cm 的流槽，1 个份的量

[红豆羊羹]

● A
琼脂粉……………………¾小勺
水……………………½杯

● B
砂糖……………………100g
豆沙馅……………………200g

● C
糖稀……………………1 大勺

[茶粉羊羹]

● A
琼脂粉……………………¾小勺
水……………………½杯

● B
砂糖……………………100g
白豆馅……………………200g

● C
糖稀……………………1 大勺
抹茶粉（用最少的热水溶解）..½小勺

[梅子羊羹]

● A
琼脂粉……………………¾小勺
水……………………½杯

● B
砂糖……………………100g
白豆馅……………………200g

● C
糖稀……………………1 大勺
梅子肉（切碎的）……………1 大勺
食用色素
（粉末、红色，用最少的水溶解）适量

☆做法

1. 将材料 A 倒入锅中，中火加热并不停搅拌。
2. 沸腾后加入材料 B 混合均匀，继续中火煮 5 分钟，并不停地搅拌，加入材料 C。
3. 将材料从火上取下，轻轻搅拌。
4. 待晾凉至 60℃左右，倒入流槽中，再放入冰箱中冷却至凝固。

● POINT

抹茶粉容易起疙瘩，所以要先用少量的热水溶解开，再用茶篦子过滤着加入。步骤 2 中，熬煮到舀起来能很明显地看出滴落的形状，这种浓度就可以了。

红糖羹

带有西式风格的日式点心。

Recipe

＊材料 —— 12cm × 8cm 的流槽，1 份的量

● A

琼脂粉……1 小勺

水……¾ 杯

● B

红糖（粉末）……40g

糖稀……1 小勺

● 其他

黄豆粉……适量

＊做法

1. 将材料 A 倒入锅中，中火加热并不停搅拌。
2. 沸腾后加入材料 B 搅匀，再煮 1 分钟。将锅从火上取下，晾凉。
3. 将材料用茶篦子滤入流槽中，放入冰箱冷却至凝固。将红糖羹脱模取出，切成骰子块状，盛到碟子里，撒上黄豆粉即可。

● POINT

可以切成和栗子羊羹（参考 p.65）一样的形状，也可以用杯子来造型。

CHAPTER 5

混合后蒸熟!

用米粉做的甜品,蒸过之后会非常松软。软软的磅蛋糕和蒸蛋糕,只需混合后蒸熟这么简单!

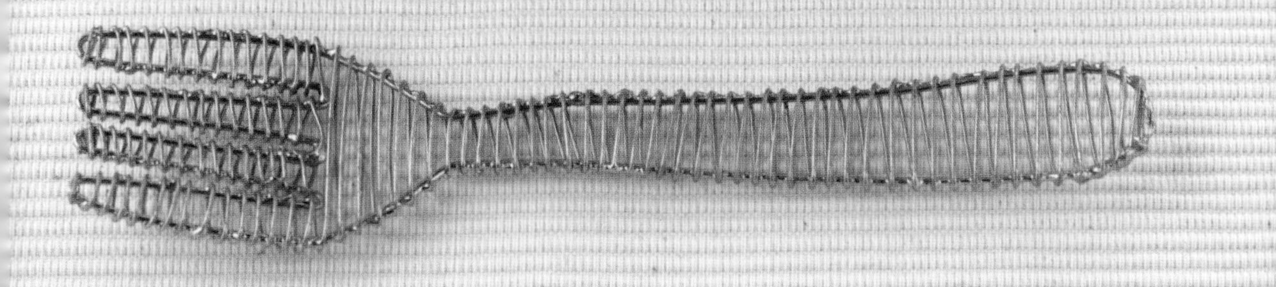

红豆抹茶磅蛋糕

加入白豆馅，口感更加绵密。

Recipe

☆材料——17cm×8cm 的磅蛋糕模具，1 份的量

● A

白豆馅……40g
砂糖……20g
菜籽油……1 大勺
抹茶粉……½ 小勺

● B

米粉……100g
泡打粉……1 小勺

● C

豆奶……½ 杯

● D

红豆甜纳豆……30g

a

b

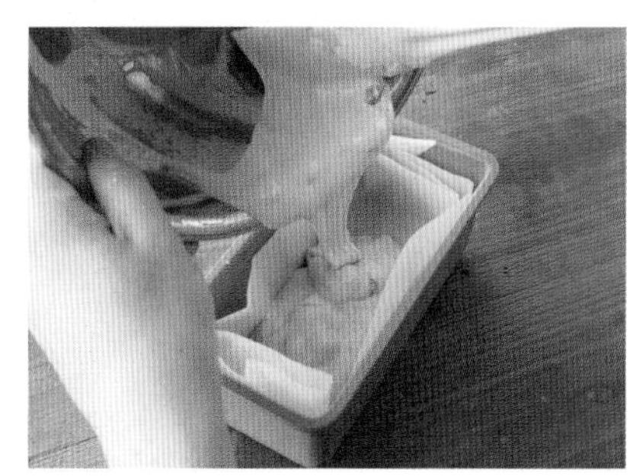

☆做法

1. 将材料 A 倒入碗中，揉搓混合。
2. 碗中再加入材料 B，揉搓混合，接着加入材料 C 后继续混合。
3. 加入 20g 的甜纳豆，再次混合均匀。(a)
4. 将米糊倒入铺满油纸的磅蛋糕模具中，撒上剩余的甜纳豆。(b)
5. 将模具放入有蒸汽的蒸锅中，大火蒸 30 分钟即可。

●POINT

如果用的是金属材质的磅蛋糕模具，蒸好脱模后，再带着油纸继续蒸 2~3 分钟，这样底部会更细滑。成品用保鲜膜包好，放入冰箱保存。食用前再蒸 1 分钟左右就能恢复松软了。

一口米粉糕

又黏又难切的米粉糕，用硅胶杯来做会变得很轻松，
还可以做成多种口味。

Recipe

材料 —— 硅胶杯，8 份的量

[米粉糕]

● A

糯米粉……10g
葛根粉……10g
米粉……50g
砂糖……90g

● B

水……⅓杯

[抹茶米粉糕]

● A

糯米粉……10g
葛根粉……10g
米粉……50g
砂糖……90g
抹茶粉……1g

● B

水……⅓杯

[粉色米粉糕]

● A

糯米粉……10g
葛根粉……10g
米粉……50g
砂糖……90g
食用色素（粉末、红色）……适量

● B

水……⅓杯

做法

1. 将材料 A 倒入锅中。
2. 锅中再加入材料 B 八成的水量，揉搓混合均匀，搅拌成米糊状，加入剩下的材料 B。
3. 小火加热，同时不停地上下搅拌混合，直至米糊变成块状。
4. 将锅从火上取下，将米糊倒入硅胶杯中，再放入有蒸汽的蒸锅中蒸 20 分钟。
5. 取出晾凉，从硅胶杯中脱模即可。

● POINT

如果硅胶杯较厚，需要多加热一会儿，并且要等冷却后再脱模。脱模时，可以在杯子和米粉糕之间注入一些水，这样会更容易脱出。

乳酪蒸蛋糕

口感微咸的乳酪蒸蛋糕，
人气不减，好评不断。

Recipe

*材料——4个的量

● A

豆奶乳酪（参考 p.63）………… 25g
盐……………………………… 1/5小勺
砂糖……………………………… 15g
菜籽油…………………………… 2大勺
豆奶……………………………… 3大勺

● B

米粉……………………………… 50g
泡打粉…………………………… 1/2小勺
南瓜粉…………………………… 1小勺

*做法

1. 将材料 A 倒入碗中，揉搓混合。
2. 碗中再加入材料 B，揉搓混合均匀，搅拌成米糊。
3. 将米糊揉成球状，塞入铺有玻璃纸的模具中。（a）
4. 将模具放入有蒸汽的蒸锅中，大火蒸 15 分钟即成。

a

●POINT

南瓜粉是用于上色的，也可以不用。蒸好后，将蛋糕放在表面加热过的平底锅上压一下，就会有种烤过的焦香味。

香橙蒸蛋糕

香橙的酸味使蛋糕口感十分清爽。

Recipe

☆材料 —— 6个的量

● A

米粉……………………100g
砂糖……………………30g
泡打粉…………………⅔小勺

● B

橙皮果酱………………60g
香橙果汁………………⅓杯
菜籽油…………………1大勺

● C

橙皮……………………适量

☆做法

1. 将材料 A 倒入碗中，混合均匀。
2. 碗中再加入材料 B，揉搓混合。
3. 将混合物倒入杯子中，表面撒上橙皮。
4. 将杯子放入有蒸汽的蒸锅中，大火蒸 15 分钟即成。

●POINT

步骤 2 中，要将酸果酱的果酱部分全部揉进去。香橙果汁可以用 100% 的橙汁代替。

茶色蒸包

黄酱和红糖的完美结合，带给你纯真又难忘的味道。

Recipe

*材料 —— 6个的量

● A

大酱（参考 p.7）……2 小勺
红糖（粉末）……40g
热水……½杯

● B

山药（碾成泥）……40g

● C

米粉……100g
泡打粉……1 小勺

●其他

豆沙馅……100g

*做法

1. 将材料 A 倒入碗中，溶解混合，用茶篦子过滤后冷却。
2. 将步骤 1 的材料和材料 B 一起放入碗中，充分混合，再加入材料 C，揉搓混合均匀。
3. 在圆形模具（圆形慕斯圈、烤碗、布丁模等）中铺好玻璃纸，放入步骤 2 的材料一半的量，然后在中间放上揉成球的豆沙馅。
4. 再将剩余的步骤 2 的材料倒入模具中，盖住豆沙馅，然后放入有蒸汽的蒸锅中，蒸 12~15 分钟即成。

●POINT

对小麦过敏的人，不要使用小麦大酱，可以选择大米大酱或黄豆大酱。

轻羹

这款轻羹通体雪白，做法简单，
只要把面糊倒入模具中即可完成。

Recipe

＊材料 —— 6个的量

[轻羹]

● A
- 山药（碾成泥）……50g
- 水……1杯
- 砂糖……45g

● B
- 糯米粉……100g
- 发酵粉……1小勺

●其他
- 豆沙馅……100g

[樱花轻羹]

● A
- 山药（碾成泥）……50g
- 水……1杯
- 上等砂糖……45g

● B
- 糯米粉……100g
- 发酵粉……1小勺
- 樱花粉……小勺
- 食用色素（红色）……½适量

●其他
- 豆沙馅……100g
- 腌渍樱花……适量

●POINT

使用腌渍樱花前，要先将其浸泡在水中去掉盐分。步骤 4 中，如果上面覆盖的材料过少，或者步骤 5 中火力过大，都会导致轻羹开裂，要特别注意。玻璃纸可以用油纸代替。

＊做法

1. 将材料 A 放入碗中，混合。
2. 碗中再加入材料 B，搅拌均匀。
3. 选择喜欢的模具，里面铺上玻璃纸，倒入步骤 2 的材料的一半，再将豆沙馅揉成球放在模具的正中心。（a）
4. 将剩下的步骤 2 的材料倒入模具中，盖住豆沙馅。如果是做樱花轻羹的话，上面再铺上腌渍樱花。（b）
5. 将模具放入有蒸汽的蒸炉里，中火蒸 12~15 分钟即成。

a

b

肉馅蒸包&豆沙馅蒸包

超简单的中式蒸包，只需把材料倒入模具蒸熟即可。
黏糯松软的外皮也很美味哦！

Recipe

＊材料—— 6个的量

［包子皮］

● A

- 米粉……100g
- 砂糖……15g
- 泡打粉……1小勺
- 盐……⅓小勺

● B

- 水……½杯
- 香油……1小勺

［肉馅］

- 猪肉糜……50g
- 洋葱（切碎）……20g
- 卷心菜（切碎）……½颗
- 水煮笋（切碎）……15g
- 生姜（擦成泥）……少量
- 盐……⅓小勺
- 酱油（参考 p.7）……1小勺
- 砂糖……½小勺
- 酒……1小勺
- 香油……½小勺

［豆沙馅］

- 豆沙馅……100g

＊做法

1. 将制作肉馅用的材料全部混合均匀，备用。（a）
2. 将材料A倒入碗中，混合。
3. 碗中再加入材料B，揉搓混合至细腻。
4. 取一个宽口茶碗，铺好油纸，然后倒入1/3的步骤3的材料。
5. 将做好的肉馅（或豆沙馅）摁到步骤4的材料中间，然后倒入剩余的步骤3的材料，将馅料包裹住。（b）（c）
6. 将蒸包放入有蒸汽的蒸锅中，大火蒸15~20分钟即成。

a

b

c

●POINT

馅料上面的米皮用量要比下面的多一些，这样做出来的形状更漂亮。

浮岛风豆沙蛋糕

打造一款日式甜品——蒸豆沙蛋糕！

Recipe

材料 —— 17cm × 8cm 模具，1 份的量

● A

豆沙馅 …… 100g

砂糖 …… 35g

菜籽油 …… 1 大勺

● B

米粉 …… 100g

泡打粉 …… 1 小勺

● C

豆奶 …… ½杯

● 其他

红豆甜纳豆 …… 20g

做法

1. 将材料 A 倒入碗中，揉搓混合，再加入材料 B，揉搓混合后加入材料 C，充分混合均匀。
2. 在铺有油纸的模具中放入红豆甜纳豆，再倒入步骤 1 的材料。将模具放入有蒸汽的蒸锅中蒸 20 分钟，取出晾凉，把上面修理平整，然后切分成喜欢的大小即可。

● POINT

在步骤 2 倒入混合好的材料时，注意不要让甜纳豆都偏到一边去。把上面修理平整，然后把蒸过后蛋糕光滑的表皮剥掉，露出蜂窝状，这样会更有感觉哦。

CHAPTER 6

熬煮混合!

使用了米粉和葛根粉的糕点,让你吃到念念不忘。把材料放在锅里细细熬煮混合,这样做出的点心才会口感黏糯。

黄豆粉糕

黏糯的口感，好吃到停不下来！
添加了很多黄豆粉，这是一款很有营养的点心。

Recipe

＊材料 —— 4人份

● A
糯米粉……50g
水……⅓杯

● B
蔗糖……80g

● C
糖稀……1大勺
盐……少量

● 其他
黄豆粉、红糖浆（参考 p.61）各适量

a

b

＊做法

1. 将材料 A 倒入锅中混合均匀，小火加热。
2. 不停地来回搅拌，直到米糊搅成糕状。（a）
3. 向锅中分 3 次加入蔗糖，每次都要充分搅拌，使其融合。
4. 再加入材料 C 充分搅拌，将锅从火上取下。
5. 将糕倒入铺有黄豆粉的平底盘中，上面再撒匀黄豆粉，晾凉。（b）
6. 切成边长为 1.5cm 的小方块，糕的刀切面再撒上黄豆粉，蘸红糖浆食用即可。

● POINT

步骤 1 中，不要一次性把水加到糯米粉中，要先加入八成的水，搅拌成黏土状后再加入剩余的水。加入蔗糖和糖稀的时候，暂时会出现材料和水分离的情况，只要继续搅拌就会再次融合均匀。

莺饼

用青豆粉做成的甜品，
将它比作黄莺，感觉更加可爱。

Recipe

＊材料 —— 4人份

● A

糯米粉……50g
水……⅓杯

● B

砂糖……50g

● 其他

青豆粉……50g
豆沙馅……100g

＊做法

1. 将材料 A 倒入锅中，搅拌溶解，开小火加热，同时不停地搅拌，直至搅成糕状。（参考 p.85 的 POINT）
2. 将砂糖分 3 次加入锅中，每次都要充分搅拌。
3. 将步骤 2 的材料放入铺有青豆粉的平底盘中，切成 5 等份。（a）
4. 每一份分别用指尖均匀地敲打按压，做成直径 5cm 左右的圆饼皮。（b）
5. 豆沙馅分成 5 等份，揉成球，再分别放在步骤 4 的饼皮上，一手托着饼皮一手将其捏起来粘住，将豆沙馅包裹住。封口朝下放，轻轻捏一下两头，做出黄莺的造型。（c）

a

b

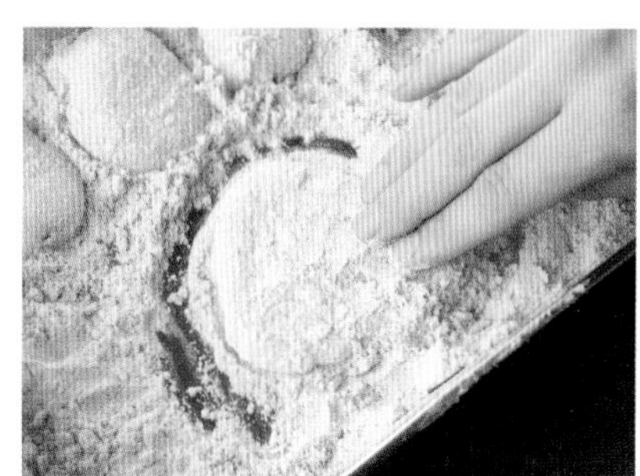

c

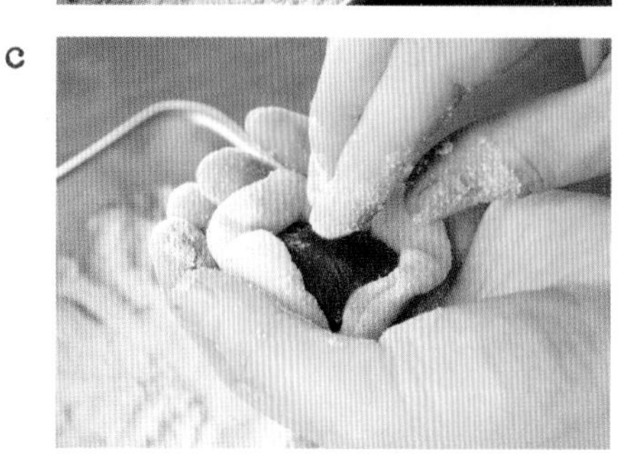

● POINT

加入砂糖后，暂时会出现材料和水分离的情况，只要继续搅拌就会再次融合均匀。步骤 3~4 中饼皮还是热的，制作的时候要注意。

核桃糕

一款橙香饼子风格的糕。
酱油的香味和砂糖的甘甜让人不禁怀念。

Recipe

＊材料—— 2~3人份

● A
蕨菜糕粉 ……………………40g
水 ……………………½杯
酱油（参考 p.7）………… 2 小勺
蔗糖 ……………………30g

● B
核桃碎（烘烤）……………15g

＊做法

1. 将材料 A 倒入锅中混合，中火加热并不停搅拌，直到材料整体成形，变成半透明状。
2. 将锅从火上取下，再加入核桃碎混合。将所有材料倒入平底盘中，整理成长方形。
3. 将平底盘沉入冷水中冷却成形，切成自己喜欢的形状即可。

● POINT
步骤 2 整理形状时，用水把橡胶刮板打湿，用刮板面将面团伸展开。

水晶糕

经典的水晶糕是一款适合在夏季食用的清凉甜品。

Recipe

＊材料—— 5杯的量

● A

葛根粉……………………………… 30g

琼脂粉…………………………… 1小勺

水…………………………………… 1杯

● B

砂糖……………………………… 2小勺

●其他

豆馅……………………………… 50g

＊做法

1. 将材料A倒入碗中，均匀混合，用茶篦子滤入锅中。锅中再加入砂糖，充分混合。
2. 小火加热，不停地搅拌，直至材料整体变成透明的糕状，从火上取下。
3. 将步骤2的材料倒入杯中至八分满。把豆馅分成5等份，揉成球，埋进杯中，在常温下冷却至凝固。

●POINT

第1步中溶解葛根粉的时候，水要一点一点地加入，一旦葛根粉变成黏土状时，马上将剩余的水全部加入，这样就会很好地溶解。用葛根粉做的点心，如果冷藏过度口感会变差，所以要在常温下冷却凝固，待食用前再放入冰箱冷藏一下即可。

蕨根糕

口感细滑，非常清爽，
柔软易嚼，适合小朋友食用。

Recipe

⋆材料 —— 2人份

- 蕨菜糕粉 ······ 40g
- 水 ······ 3/5杯
- 砂糖 ······ 1小勺
- 盐 ······ 少量

●其他

- 黄豆粉 ······ 适量
- 红糖浆（参考 p.61）······ 适量

⋆做法

1. 将材料倒入锅中，均匀混合。
2. 中火加热，并不停地搅拌，直至材料整体变成半透明的糕状。（a）
3. 从火上取下，将锅里的材料整理成块状。
4. 锅中加入冷水，使糕冷却。（b）
5. 趁着还有点温度的时候，在水中用手把糕切分成块，继续冷却。（c）
6. 将糕块盛到碟子中，均匀撒上黄豆粉，再淋上红糖浆即可。

a

b

c

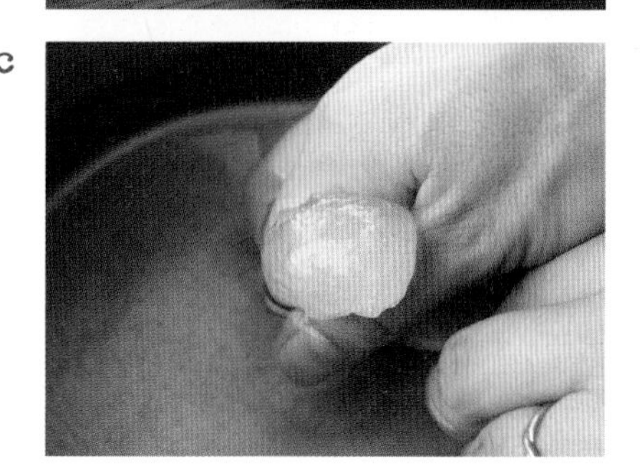

●POINT

步骤5中，用手切分糕：用手拿着糕，从拇指和食指中间将糕挤出来，挤成球状。也可以待糕完全冷却后用刀切成块。

葛粉糕

口感决定葛粉糕的成败。
在家里品尝刚出锅的葛粉糕，那才是神级的美味！

Recipe

⋆材料 —— 2~3人份

● A
- 葛根粉……50g
- 水……1杯

● B
- 黄豆粉……2大勺
- 砂糖……2大勺

⋆做法

1. 将材料A倒入碗中，混合使其溶解。
2. 用茶篦子滤入锅中，中火加热。
3. 从锅底向上不停地上下搅拌，直至材料整体变成透明的糕状。
4. 从火上取下，将糕倒入平底盘中，用打湿的橡胶刮板按压推平，整理成长方形。（a）
5. 将每个平底盘沉入冷水中，使糕冷却。（b）
6. 用刀将糕切成方便食用的大小，盛到碟子中，撒上混合好的材料B即可。

a

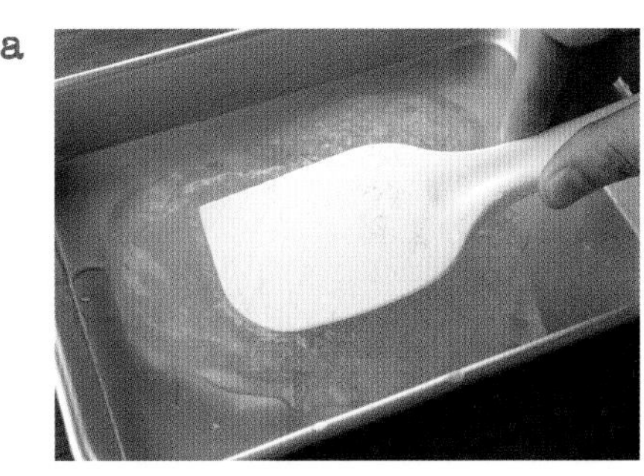

b

●POINT

刚做好的葛粉糕晶莹剔透，口感软弹。如果放置时间过长，或者冷藏过度的话，均易丧失这种口感，所以建议做好后马上食用。可以根据个人喜好添加红糖浆（参考p.61）。

豆奶葛粉糕

爽弹的葛粉糕，加上口感滑腻的豆奶，美味无与伦比。

Recipe

＊材料——2~3人份

● A

葛根粉……30g

豆浆……2大勺

抹茶（粉末，仅用于抹茶葛粉糕）1/3小勺

● B

砂糖……20g

豆浆……1/3杯

●其他

红豆馅……适量

＊做法

1. 将材料A倒入碗中，混合均匀，加入材料B，充分混合溶解。
2. 将混匀的材料用茶篦子滤入锅中，中火加热，并不停地搅拌，直到材料整体变成半透明的糕状为止。从火上取下，在锅里将材料揉成块状。
3. 向锅里注入冷水，使糕完全冷却，用刀切成骰子块，盛到碟子里，撒上红豆馅即可。

● POINT

豆奶味的葛粉糕可以加点水果糖浆，做成西式甜品也很好吃哦。

葛粉果冻

与明胶果冻不同，葛粉果冻有种特有的爽弹。

Recipe

*材料 —— 2~3人份

● A

橙汁
（100%果汁，仅用于香橙葛粉果冻）¾杯
菠萝汁
（100%果汁，仅用于菠萝葛粉果冻）¾杯

● B

葛根粉……10g
琼脂粉……⅓小勺
砂糖……2大勺

● 其他

菠萝、橙子、香草……各适量

*做法

1. 将材料A倒入碗中，再加入材料B，均匀混合使其溶解。
2. 将混合好的材料用茶篦子滤入锅中，中火加热，并不停地搅拌，直到材料整体变成半透明的糕状。
3. 从火上取下，倒入杯中，常温放置使其冷却凝固。可加入喜欢的水果和香草一同食用。

● POINT

在食用之前可放入冰箱冷藏一下，口感更佳。但要注意，切勿冷藏过度，否则影响口感。

图书在版编目（CIP）数据

懒人版日式甜品 / (日) 冈村淑子著 ; 郑乐英译.– 青岛 : 青岛出版社, 2018.5

ISBN 978–7–5552–7004–1

Ⅰ. ①懒… Ⅱ. ①冈… ②郑… Ⅲ. ①甜食—制作—日本 Ⅳ. ①TS972.134

中国版本图书馆CIP数据核字（2018）第092116号

GURUGURU MAZETE KANTAN! ALLERGIE FREE NO OYATSU

书　　名	懒人版日式甜品
著　　者	［日］冈村淑子
译　　者	郑乐英
出版发行	青岛出版社
社　　址	青岛市海尔路182号（266061）
本社网址	http://www.qdpub.com
邮购电话	13335059110　0532–68068026
责任编辑	贺　林
特约编辑	刘　茜　蜜　糖
设计制作	张　骏　潘　婷
照　　排	青岛帝骄文化传播有限公司
印　　刷	青岛东方丰彩包装印刷有限公司
出版日期	2018年7月第1版　2018年7月第1次印刷
开　　本	16 开（787mm × 1092mm）
印　　张	6
字　　数	150 千
图　　数	159 幅
印　　数	1–6000
书　　号	ISBN 978–7–5552–7004–1
定　　价	35.00元

编校印装质量、盗版监督服务电话　4006532017

建议陈列类别：美食类　生活类